INVENTAIRE
Z 29.964

LIBRAIRIE DE [illegible] HACHETTE ET Cie

[illegible] 77, A PARIS

BIBLIOTHÈQUE A 25 CENTIMES LE VOLUME

ET A 35 CENT. POUR LES OUVRAGES SOUMIS AU TIMBRE

Format petit in-18

Aucoc : Notice sur l'histoire des voies de communication. 1 volume 25

Baudrillart [illegible] 25

Condorcet [illegible]

L'ÉCLAIRAGE

AU GAZ

Z 2284
Z+g.9-19-
29964
V+

IMPRIMERIE L. TOINON ET Ce, A SAINT-GERMAIN.

CONFÉRENCES POPULAIRES
FAITES A L'ASILE IMPÉRIAL DE VINCENNES
SOUS LE PATRONAGE
DE S. M. L'IMPÉRATRICE

DEPOT LEGAL
Seine & Oise
N° 279
1867

L'ÉCLAIRAGE
AU GAZ

BIBLIOTHÈQUE IMP.

PAR A. PAYEN
MEMBRE DE L'INSTITUT

PARIS
LIBRAIRIE DE L. HACHETTE ET Cie
BOULEVARD SAINT-GERMAIN, N° 77
1867

Droit de traduction réservé.

L'ÉCLAIRAGE AU GAZ

MESSIEURS,

Jusqu'en 1524, l'éclairage public était inconnu en France, même à Paris. D'après les ordonnances de 1350 à 1372 les bourgeois devaient rentrer dans leur domicile lorsque, vers 7 heures du soir, la cloche de l'église Notre-Dame sonnait le couvre-feu. Toute la nuit les rues étaient désertes. On comprend combien un pareil état de choses était contraire à la sécurité des habitants attardés.

A cette époque on ordonna à tous les bourgeois de Paris d'allumer, dans des lanternes, des chandelles à leurs fenêtres pendant la nuit, pour éclairer tant bien que mal la voie publique; mais ce remède était bien insuffisant pour mettre un terme aux incendies et autres crimes nocturnes qui désolaient nos cités.

En 1769, M. de Sartines, lieutenant de police, avait mis au concours l'éclairage à l'huile de toute la ville de Paris : ce fut Saugrain qui, sur un rapport de l'Académie des sciences, remporta le prix.

Dans la ville de Londres, jusqu'en 1825, dans tous les quartiers non encore éclairés au gaz, on n'employait que de l'huile de poisson, donnant une flamme fuligineuse peu éclairante, bien inférieure aux huiles de colza en usage à Paris.

L'éclairage public était dans cet état, lorsqu'en 1798 un Français, nommé Philippe Lebon, prit un brevet d'invention pour l'éclairage au gaz. C'est donc à la France que revient l'honneur de cette découverte.

En 1799, Lebon présenta à l'Académie un mémoire qui donne presque tous les détails essentiels de l'éclairage au gaz et indique même la plupart des moyens d'exécution.

Son œuvre l'enthousiasmait tellement

qu'en écrivant à ses concitoyens de Brachay, dans la Haute-Marne, il leur promettait d'éclairer comme en plein jour le chemin menant de son village à Paris. Cela était possible en effet. Malheureusement Philippe Lebon voulut trop entreprendre à la fois ; il essaya de produire en même temps le chauffage et l'éclairage ; il exposa en 1802, dans la rue Saint-Dominique, un appareil nommé thermo-lampe qui éclairait et chauffait une maison tout entière. Dans ces conditions la solution du problème était acquise mais non économiquement.

Vers la même époque, Murdoch appliquant le procédé décrit dans le brevet et le mémoire de l'inventeur installait en Angleterre l'éclairage au gaz dans ses ateliers de Watt, et Bolton, à Soho, près Birmingham.

L'empereur Napoléon Ier ayant accordé à Philippe Lebon une concession dans la forêt de Rouvray, il y fit à la fois du charbon de bois, du gaz d'éclairage, de l'acide pyroligneux et du goudron qu'il expédiait au Havre pour les services de la marine. Mais ses concurrents lui causèrent une foule d'ennuis; ils prétendaient, malheureusement avec raison, que son goudron ne valait pas celui des pins du Nord. Lebon vint à Paris pour répondre à ces accusations et solliciter du gouvernement les fonds nécessaires à la réalisation en grand de ses projets d'éclairage au gaz ; il y mourut presque aussitôt après son arrivée en 1804, assassiné dans les Champs-Élysées au milieu des fêtes du sacre. C'est une nouvelle page qui s'ajoute au martyrologe des inventeurs.

Après sa mort tout le monde parlait de sa découverte.

En 1810, Windsor s'occupait activement de la nouvelle industrie; il s'efforça sans y parvenir, de prouver qu'il en était l'inventeur. Un acte du parlement, du 9 juin de la même année, concédait à une Compagnie particulière le droit d'extraire par la distillation les produits que peut donner la houille, et notamment le gaz hydrogène carboné, pour l'employer à l'éclairage de la ville de Londres.

En 1812, un préfet de la Seine, ancien élève de l'École polytechnique, que j'ai beaucoup connu, M. de Chabrol, dont le nom est resté cher aux habitants de Paris, s'occupa de monter une usine modèle à l'hôpital Saint-Louis.

M. de Chabrol réunit, pour étudier expérimentalement cette question, une commission de savants parmi lesquels se trouvèrent Poinsot, Darcet, Cagniard-Latour, etc. A cette occasion ce dernier fit une invention très-remarquable et qui a conservé son nom, la *Cagnardelle*, ingénieux ustensile qui ressemble beaucoup à la vis d'Archimède, que vous connaissez tous. C'est une sorte de vis creuse inclinée, à l'aide de laquelle on peut puiser de l'eau à de petites profondeurs, un mètre et demi par exemple, et qui est en usage pour faire des épuisements et des irrigations.

Cagniard eut une idée très-ingénieuse : on cherchait dans la commission le moyen de faire refouler le gaz d'éclairage dans l'eau pour le laver et l'épurer ; les grandes pompes

1.

pneumatiques ne fonctionnaient pas régulièrement à cette époque comme aujourd'hui... Cagniard-Latour exprima l'avis que le problème pouvait être résolu bien simplement : « Il me semble, dit-il, qu'on arriverait très-facilement à produire cet effet avec une machine sans frottement, n'offrant aucune difficulté d'ajustage, fonctionnant pour ainsi dire toute seule ; il suffirait d'employer la vis d'Archimède, si on la tournait en sens contraire; sans aucun doute l'air entrant par le haut refoulerait l'eau par le bas. Si au lieu d'air on la mettait en communication avec un gaz quelconque, le gaz serait également refoulé. » L'idée parut bizarre, toutefois on l'essaya ; elle réussit, et aujourd'hui on se sert de la cagnardelle dans beaucoup d'applications de ce genre, par exemple pour refouler le gaz acide carbonique dans la fabrication de la céruse, suivant le procédé de Roard de Clichy : plusieurs compteurs à gaz d'éclairage et de chauffage sont construits sur le même principe de la vis d'Archimède retournée. Vous savez qu'en industrie les machines les plus simples sont le le plus souvent les meilleures.

En 1820, Windsor commença à introduire en Angleterre l'éclairage au gaz; il vint même à Paris où il éclaira ainsi tout un passage public.

A la même époque, Pauwels, homme très-intelligent qui, ayant fait lui-même son éducation industrielle, était devenu fabricant de produits chimiques, eut la pensée de se lancer dans l'industrie du gaz. Il apporta dans cette industrie une foule de perfectionnements très-remarquables; c'est lui qui, par exemple, imagina d'introduire le gaz dans le gazomètre par des tubes articulés, de manière à ce qu'en entrant par ces tuyaux flexibles dans le gazomètre, il fît monter cette cloche, et que le gaz se distribuât par un autre tube également articulé. Cette invention a produit un effet très-remarquable, c'est d'éviter de percer la maçonnerie pour faire entrer le gaz par-dessous; et cette disposition a une importance très-grande, car lorsque l'eau dans laquelle le gaz a passé s'infiltre dans les terrains avoisinants, elle va porter l'infection, à des distances considérables, vers les eaux souterraines et les puits environnants; de là, pour les usines à gaz, l'obligation de payer des dommages-intérêts. Or ces inconvénients, ces dangers ont presque complétement disparu depuis qu'on a cessé de pratiquer des ouvertures dans la maçonnerie des citernes pour y laisser passer les tuyaux et qu'on fait arriver le gaz par la partie supérieure de la cloche. C'est une invention remarquable due à Pauwels qui, dès l'année 1820, faisait une des premières grandes applications du gaz d'éclairage dans le quartier et au théâtre du Luxembourg.

Depuis, Pauwels a monté plusieurs autres usines plus considérables à Paris. L'usine de la route de Fontainebleau, près de la barrière du même nom, a été fondée par lui. Il a introduit un grand nombre de perfectionnements dans les régulateurs et les compteurs à gaz; le premier il a établi un système d'aspirateur qui, annulant la pression dans les cornues, évite les fuites et permet d'utiliser le gaz des fours à coke, à chargement et défournement mécaniques. On lui doit donc beaucoup d'inventions utiles.

En 1824, s'établit à Paris la Compagnie royale d'éclairage, puis la compagnie de MM. Manby et Wilson. Enfin six compagnies se partagèrent les différents quartiers de la ville.

Mais on fut amené bientôt à reconnaître l'inconvénient qui résultait de cette concurrence entre les compagnies rivales, notamment dans la pose des conduites sur les limites des circonscriptions accordées à chacune d'elles et qui ne pouvaient être déterminées d'une manière bien précise. Puis si le gaz manquait dans un quartier il fallait s'adresser à une compagnie voisine qui n'était pas toujours prête à subvenir à ces besoins accidentels. La consommation en souffrait donc, aussi songea-t-on à fusionner les diverses compagnies, et cette fusion s'effectua en effet le 25 décembre 1855.

Aujourd'hui, c'est la Compagnie Parisienne qui fournit le gaz dans tout Paris. Elle a neuf usines à notre disposition, et les quantités de gaz qu'elles produisent sont extrêmement considérables. On peut en juger par ce fait que la première usine construite à Londres, par Murdoch, avait un gazomètre de 8 mètres cubes et demi; aujourd'hui, l'un des grands gazomètres de Liverpool a une capacité de 87,500 mètres cubes, c'est-à-dire dix mille fois plus grand que le gazomètre de Murdoch.

Cependant à cette époque on trouvait que 8 mètres cubes, c'était déjà beaucoup. Sir Humphry Davy, le grand chimiste, qui n'était pas familiarisé avec les appareils de l'industrie, se plaignait qu'on voulût augmenter outre mesure les dimensions des gazomètres, et disait : si cela continue, il faudra des gazomètres aussi grands que la coupole de l'église Saint-Paul. Eh bien, les gazomètres aujourd'hui sont plus grands que cette coupole, et ce sont ces immenses gazomètres-là qui présentent le plus d'avantages dans l'application, parce que les frais d'administration ne sont pas plus considérables pour les usines d'une très-grande puissance que pour les petites usines.

Maintenant l'industrie du gaz est très-florissante. Et pour ne nous occuper que de Paris, non-seulement la ville, mais les environs sont éclairés au gaz, et c'est la Compagnie Parisienne qui envoie d'Alfort à l'Asile de Vincennes, celui qui nous éclaire en ce moment.

J'ai été ces jours derniers voir l'usine d'Alfort qui est relativement très-petite, mais qui s'augmentera sans aucun doute à mesure que se développera la consommation, et qui est d'ailleurs parfaitement installée.

Aujourd'hui la quantité de gaz employée dans Paris représente 116 millions de mètres cubes par an, ce qui correspond à peu près à 535,000 becs de gaz ayant chacun une puissance égale à celle d'une lampe carcel qui brûlerait 42 grammes d'huile par heure durant cinq heures en moyenne chaque jour. Si l'on compare cet éclairage à celui qui existait antérieurement, on voit que la différence est énorme. Elle l'est en effet à ce point, que toute la quantité d'huile de colza qu'on pourrait récolter en France, et faire venir de l'étranger dans les années où la production atteint son maximum, serait insuffisante pour procurer la quantité de lumière obtenue de la houille. Or, cette lumière du gaz est beaucoup plus éclatante que la lumière qu'on obtient par la combustion de l'huile, et elle est en même temps beaucoup plus économique. La consommation de l'huile de colza représenterait en effet une dépense à peu près quatre fois plus grande, comparée à celle que la Ville fait pour l'éclairage public avec le gaz, et celui-ci, pour une égale intensité lumineuse, coûte aux particuliers, qui payent lè gaz 30 centimes le mètre cube, moitié moins que l'huile à lampes.

A Londres, la quantité de gaz qu'on fabrique est à peu près double de celle que Paris consomme. Mais la population y est aussi deux fois plus considérable. On pourrait donc croire que la quantité de lumière dont disposent les habitants dans les deux villes est la même, mais si on considère que la superficie de Londres est à peu près triple de celle de Paris, il en résulte qu'à superficie égale la lumière est plus abondante à Paris qu'à Londres, et il est probable que les choses dureront de cette manière, parce-que l'éclairage au gaz a fait de tels progrès chez nous que nous n'avons plus rien à envier aux Anglais sous ce rapport. Je dois dire cependant que de 1820 à 1830, l'industrie du gaz s'était plus développée chez les Anglais que chez nous. Cela tenait sans doute à ce qu'ils disposaient de capitaux plus considérables.

J'arrive maintenant à la théorie de la production et de la distribution du gaz d'éclairage, ainsi que de son pouvoir lumineux; et d'abord, pour vous donner une idée nette, quoique d'une façon peut-être un peu simple, de ce que c'est qu'un gaz, je ferai une petite expérience, à l'aide d'un ustensile qui, depuis quelque temps, est employé dans les laboratoires.

BIBLIOTHÈQUE ... IMPR.

Voici un siphon en verre. C'est un tube ouvert à chacune de ses extrémités. L'extrémité de la branche la plus longue est fermée par un bouchon. Sur cette branche du siphon, il y a un tube soudé à sa partie inférieure qui correspond avec une poire creuse en caoutchouc. Le caoutchouc étant élastique, on peut comprimer la poire, et par suite faire sortir en la comprimant la plus grande partie de l'air contenu dans les branches du siphon. Je vais placer le siphon dans l'eau; l'air est un peu comprimé par l'eau; l'air, comme tous les gaz, peut se comprimer, mais il offre néanmoins un obstacle que l'eau ne peut surmonter à moins d'une certaine pression. Je vais faire sortir l'air de la plus grande partie de l'intérieur du tube, cet air passera au travers de l'eau; laissant ensuite la poire se gonfler de nouveau, comme l'air sera absent, l'eau cédant à la pression extérieure, prendra sa place, et bientôt s'écoulera dès que l'on ôtera le bouchon qui ferme la branche longue. Vous voyez qu'en pressant la poire de caoutchouc, je fais sortir l'air, non la totalité, mais la plus grande partie. Eh bien, l'air est un gaz, comme le gaz de l'éclairage, dont les propriétés et la composition chimique sont différentes, mais dont les propriétés physiques sont presque toutes les mêmes.

Maintenant je vais laisser l'eau entrer dans le tube, et, comme vous allez le voir, le siphon va se trouver amorcé.

C'est là un petit ustensile très-ingénieux à l'aide duquel on peut amorcer des siphons pour faire écouler très-facilement des liquides. Il est très-utile dans le cas où il s'agit de transvaser des liquides corrosifs dans les laboratoires ou les fabriques de produits chimiques. A la vérité, on se sert souvent du moyen le plus simple, on aspire avec la bouche, mais on risque, quand il s'agit d'un liquide corrosif, de le faire entrer dans la bouche et d'en être blessé.

J'expliquerai la théorie de la production de la lumière du gaz d'éclairage par une autre expérience. Elle consiste à montrer, d'une part, que l'un des gaz qu'on extrait de l'eau, et qu'on appelle hydrogène, est combustible ; mais aussi que ce gaz en brûlant ne donne pas de lumière, parce que, comme nous le verrons par une série de diverses expériences, la lumière ne se produit généralement, dans un gaz quelconque, que lorsque, à la température élevée de la flamme, il se précipite au milieu de ce gaz une matière solide en très-fines parcelles, comme une sorte de poussière. Vous savez tous que, quand on a chauffé du fer à blanc, la lumière est si vive qu'on n'en peut supporter l'éclat ; de même, dans un four à porcelaine, les objets en porcelaine, au moment du grand feu, rayonnent une lumière si intense, que les ouvriers les plus habitués à soutenir l'éclat de cette lumière sont obligés de prendre des lunettes en verre bleu pour voir ce qui se passe dans le four. Donc tous les corps solides sont lumineux et tous les gaz éclairants dans l'industrie doivent leur lumière à ce que le charbon que ces gaz contiennent à l'état de combinaisons, à une haute température, se sépare du gaz. Quand il arrive dans la flamme, il ne brûle pas tout de suite parce qu'il n'a pas d'air, mais comme il est chauffé à une haute température, ce charbon en poussière extrêmement fine, rayonne de la lumière, et toutes ses particules embrasées deviennent comme autant de petits soleils. Ainsi on obtient de la lumière toutes les fois que dans un gaz on présente un corps solide.

Dans ce flacon qui contient un mélange liquide d'une partie d'acide sulfurique et de 8 à 10 parties d'eau, nous avons mis un métal que vous connaissez, le zinc. Le zinc comme le fer en présence d'eau et d'acide sulfurique est attaqué aussitôt. Il s'empare de l'oxygène de l'eau, forme un oxyde qui s'unit à l'acide, l'hydrogène devenu libre se dégage et peut être enflammé en donnant une faible lueur. Le gaz hydrogène parfaitement pur serait moins lumineux encore ; il y a ici un peu de lumière parce qu'il contient encore un peu d'eau globuliforme. Mais si nous faisons passer ce gaz au-dessus d'un carbure d'hydrogène volatil, nous avons une lumière d'une intensité très-grande, et, comme vous le voyez, comparable à la lumière du gaz d'éclairage. Ce n'est cependant pas autre chose que ce gaz qui brûle ici, si ce n'est que nous l'avons fait passer au-dessus d'un liquide volatil, d'une essence, ou de la benzine, carbure d'hydrogène. Le gaz n'en contient pas un centième, mais cette quantité suffit pour lui donner la qualité lumineuse; car dans la vapeur de la benzine il se trouve du carbone. Celui-ci se précipite en particules charbonneuses qui rayonnent de la lumière au milieu de la flamme.

Nous allons démontrer expérimentalement la présence dans cette flamme des particules charbonneuses. En plaçant au milieu d'elle cette capsule blanche, vous verrez aussitôt sa surface recouverte d'une couche charbonneuse noire comme du noir de fumée, tandis que placée dans la flamme du gaz hydrogène, nous avons tout simplement de l'eau parce qu'il n'y a pas là autre chose que de l'hydrogène qui donne de l'eau en brûlant. Si nous mettons la même capsule sur le gaz qui donne du charbon précipité, nous aurons du noir de fumée qui va se déposer, c'est-à-dire qu'il se formera immédiatement une tache noire due au charbon, parce que j'arrête la combustion en mettant le vase au milieu de la flamme qui se trouve ainsi subitement refroidie.

Voyons maintenant comment se produit le gaz d'éclairage, à l'aide d'une expérience qui ressemble tout à fait à la fabrication du gaz.

Nous avons recouvert ce tube en verre d'une enveloppe de clinquant, d'une feuille de laiton, qui garantit le verre contre la fusion, ou plutôt contre la déformation. Chauffé au rouge, le verre devient mou. En l'enveloppant de clinquant, il résiste plus facilement, et la chaleur se répartit d'une manière plus égale.

Nous avons mis dans ce tube quelques fragments de *boghead* d'Écosse. C'est un schiste bitumineux analogue au charbon de terre jusqu'à un certain point.

Nous allons mettre ce tube en verre enveloppé d'une feuille de laiton dans ce fourneau. Nous le chaufferons avec un appareil à gaz d'éclairage que nous rendrons non éclairant. Une expérience très-simple que je ferai tout à l'heure, montre que l'on peut rendre le gaz non éclairant tout en augmentant la température de sa flamme.

Ici nous employons le *boghead* d'Écosse qui donne plus de gaz que le charbon de terre. Ce gaz éclaire quatre fois davantage, et, comme il se distille trois fois plus vite, il donne, dans le même temps, douze fois autant de lumière. Aussi, il y a quelques années, s'en servait-on dans toutes les usines, quand on avait besoin d'activer la production du gaz par; exemple, dans les environs du 1er janvier, quand on voulait augmenter la quantité du gaz fabriqué sans accroître le matériel.

Malheureusement le boghead a doublé de prix. Il ne coûtait que sept francs il y a deux ans, aujourd'hui il en coûte quatorze. Cela tient à ce qu'on en extrait un goudron que l'on distille et dans lequel on trouve plusieurs huiles volatiles, outre une matière que l'on désigne sous le nom de paraffine, laquelle, bien affinée, est blanche, cristallisable, et sert dans la fabrication des bougies. Comme cette matière a une valeur beaucoup plus grande que le gaz, et que, quand on fait du gaz avec le boghead, on détruit la plus grande partie de cette substance et des huiles volatiles, il a bien fallu renoncer à s'en servir pour cet usage. On en extrait donc d'abord des carbures d'hydrogène liquides qui servent à l'éclairage, à l'aide de lampes spéciales, et, dans le résidu, on trouve cette matière qui se vend plus cher encore et qui, lorsqu'elle est pure, se présente en masses blanches donnant ces belles bougies demi-translucides, analogues aux bougies de *blanc de baleine* ou de *spermaceti*.

Philippe Lebon, comme je vous l'ai dit, avait étudié à peu près toutes les matières propres à donner du gaz : le bois ordinaire, les bois résineux que l'on emploie à cet usage en Bavière, en Russie, en Amérique, les schistes, les houilles, les lignites.

Parmi ces substances qu'on a considérées comme des houilles, se trouve une matière qu'on appelle le *cannel coal*, qu'on emploie beaucoup dans les usines, parce que, quoique coûtant plus cher que la houille, elle coûte moins cher que le *boghead*.

Je crois que c'est un lignite, bien que ce soit une question controversée entre les savants. En 1862, j'ai eu l'occasion de voir beaucoup de fabriques à propos de la paraffine. A l'exposition de 1862, il y avait, dans les vitrines, de nombreux échantillons de paraffine, avec cette étiquette : Paraffine extraite du charbon de terre. Je demandai, quand j'examinai cette paraffine, où était la houille dont on l'extrayait. Je me suis rendu dans les usines, et j'ai trouvé que c'était cette matière qu'on appelle *cannel coal*, laquelle m'a paru être un lignite et non une houille. C'était, du reste, l'opinion de Brongniart, certainement très-compétent dans ces matières. Alexandre

Brongniart a toujours considéré le *cannel coal* comme un lignite. Ce combustible minéral contient beaucoup plus de matière susceptible de produire du gaz que la houille elle-même ; il a même la propriété de s'enflammer en minces lamelles si on le place un instant dans la flamme d'une bougie ordinaire et de donner une belle lumière blanche, assez intense pour vous faire juger de la nature du gaz qui provient du *cannel coal*, au point de vue de l'éclairage. On se sert de cette matière dans toutes les usines à gaz en France et en Angleterre, pour obtenir accidentellement, pendant quelques jours, une augmentation de lumière.

Nous verrons tout à l'heure que le gaz obtenu par cette distillation présente tous les caractères d'un gaz très-riche en carbure d'hydrogène et très-lumineux.

Le *cannel coal* se distille plus vite que le charbon de terre, et donne du gaz de meilleure qualité. Cent kilogrammes de cette substance produisent trente-cinq mètres cubes de gaz qui donne une quantité de lumière double de celle qu'on obtient de la houille à poids égal, aussi, comme nous l'avons déjà dit, s'en approvisionne-t-on dans les usines, et, dans les moments où il faut augmenter la production, on se sert de ce moyen. On mélange le *cannel coal* avec la houille; il laisse un coke qui est de bonne qualité, quoique bien moins boursouflé ou moins volumineux que le coke du charbon de terre, tandis qu'avec le *boghead* (d'Écosse) on n'obtient qu'un résidu argilo sableux un peu ferrugineux et sans valeur.

Dans la fabrication du gaz, il y a des difficultés que Philippe Lebon avait bien observées. Il avait reconnu qu'en calcinant la houille dans des vases clos, on détermine la production de gaz infect, et notamment d'hydrogène sulfuré, l'hydrogène combiné avec du soufre. C'est ce gaz qui exhale l'odeur que chacun connaît toutes les fois que certaines matières animales se putréfient, car tous les débris des animaux contiennent du soufre. Vous connaissez l'odeur des œufs pourris. La plus grande partie de cette odeur tient au gaz hydrogène sulfuré qui se produit par l'union du soufre que contient l'albumine avec l'hydrogène naissant dégagé par la putréfaction.

Non-seulement ce gaz a l'inconvénient de son odeur fétide, mais il est vénéneux.

Il est vrai qu'il faut qu'il soit en certaines doses dans l'air pour que ses effets nuisibles puissent se produire; dans le plus grand nombre des cas il n'empoisonne pas. Ainsi, dans les bains sulfureux, on sent une odeur d'hydrogène sulfuré très-forte, sans en éprouver d'effet délétère.

Dans certaines localités, les maremmes de Toscane, par exemple, il s'en dégage en telle abondance que l'argenterie en est noircie dans les habitations; les cartes de visite deviennent noires dans les poches; cependant l'air ainsi infecté n'empoisonne pas, mais l'odeur en est très-désagréable. A cela s'ajoute l'inconvénient que nous signalions à l'instant de noircir l'argenterie, les cuivres même et la peinture au blanc de plomb.

Aussi, vaut-il mieux, en pareilles circonstances, employer un blanc qui est tout aussi beau, aussi solide que le blanc de plomb c'est le blanc de zinc ou l'oxyde produit par la combustion du zinc.

Prouvons par une expérience que l'hydrogène sulfuré ne noircit pas le blanc de zinc et noircit le blanc de plomb.

Nous avons préparé une planchette dont la moitié est peinte avec du blanc de céruse et l'autre avec du blanc de zinc. La nuance comme vous le voyez est sur toute la superficie uniformément blanche. Nous allons l'exposer à des vapeurs de sulfhydrate d'ammoniaque et vous verrez qu'une des parties de la planchette deviendra noire tandis que l'autre restera blanche. La portion qui est restée blanche est celle qui est revêtue d'une couche de blanc de zinc.

Au Conservatoire impérial des arts et métiers, toutes les peintures, dans les laboratoires de chimie et de physique comme dans les amphithéâtres, sont faites au blanc de zinc, et ces peintures ne se noircissent pas.

malgré les dégagements accidentels de gaz sulfurés.

On parvient à extraire l'hydrogène sulfuré du gaz, soit à l'aide d'un lait de chaux, soit, et c'est la méthode généralement adoptée aujourd'hui, en le faisant passer sur du péroxyde de fer hydraté naturel ou artificiel qui décompose l'acide sulfhydrique en eau et en soufre, l'un et l'autre inodores. Un des grands avantages de ce mode d'opérer, c'est qu'en étendant à l'air le protoxyde, on le ramène à son état primitif de sesquioxyde, et qu'on peut l'employer ainsi deux ou trois cents fois de suite.

Outre l'avantage très-grand qu'offre le blanc de zinc de ne pas noircir au contact des vapeurs d'hydrogène sulfuré, il présente l'avantage plus important encore qu'il n'occasionne pas l'empoisonnement des ouvriers.

Je vous ai dit que l'air pouvait être rendu inflammable et éclairant, j'ajouterai qu'on a proposé un procédé pour remplacer le gaz par l'air rendu éclairant.

Nous avons mis dans ce vase une petite

quantité d'un carbure d'hydrogène très-volatil; presque aussitôt l'air que ce bocal renferme s'est trouvé saturé des vapeurs de cette huile très-volatile. Si nous lui présentons un corps en ignition, cet air, c'est-à-dire ce mélange d'air et de carbure d'hydrogène va s'enflammer et produire une flamme lumineuse. On a proposé de se servir de cette propriété de l'air imprégné d'une sorte d'huile volatile pour l'éclairage. J'avoue que je ne crois pas que ce procédé puisse être économiquement rendu pratique, mais enfin vous voyez qu'il se réalise ici. C'est là un phénomène curieux qu'il est bon de connaître : il montre les dangers d'incendie et d'accidents graves auxquels on s'expose lorsqu'on entre avec une bougie ou une lampe allumée dans un magasin où se trouvent des huiles ou essences volatiles.

On peut obtenir des flammes plus ou moins lumineuses avec tous les corps qui produisent les effets que j'ai indiqués tout à l'heure. Ainsi une matière qui sert comme agent balistique, et qu'on a proposée pour remplacer la poudre à canon produit une lumière très-vive mais extrêmement peu durable. Ce pyroxyle s'emploie maintenant en France pour le tirage des roches, dans les mines. Il a cet avantage sur la poudre à canon de ne pas obscurcir l'air, par la formation du noir de fumée et de ne pas engendrer non plus comme elle des sulfures et de l'hydrogène sulfuré. Il avait l'inconvénient de produire de l'oxyde de carbone qui est vénéneux, mais M. Combes a imaginé un moyen très-simple d'éviter cet inconvénient : il suffit d'y mélanger du nitrate de potasse ou de soude de manière à rendre la combustion plus complète en transformant l'oxyde de carbone en gaz acide carbonique.

Il y a d'autres substances qui produisent des effets lumineux instantanés analogues, le Lycopode, par exemple. Ce sont des granules ou spores d'une plante (*Lycopodium*), qui contiennent des matières résineuses, azotées, grasses, de la cellulose, en un mot, de véritables organismes.

Eh bien, ces organismes, si on les jette sur un foyer où la température s'élève au moyen de la combustion, on les voit brûler en répandant une lumière très-vive qui disparaît à l'instant : c'est ainsi que l'on imite l'effet des éclairs dans certaines représentations théâtrales.

L'éclairage au gaz peut donner des quantités de lumière très-variables, et, à cet égard, la théorie de Humphry Davy devait être complétée. Davy avait bien démontré que la lumière, dans les gaz éclairants, est due aux particules de charbon qui se précipitent dans la flamme, mais il n'avait pas vu que la quantité de lumière pouvait s'accroître si l'on élevait davantage la température de ces particules éclairantes.

Eh bien, il y a des becs qui produisent cet effet-là; ce sont ceux qui échauffent l'air avant que la combustion commence. Si d'ailleurs on règle le courant d'air de manière à ce que la combustion complète se fasse avec le moins d'air possible, pour la même quantité de gaz, on obtient une flamme plus volumineuse et une plus grande quantité de lumière.

Les becs ordinaires donnent une quantité de lumière d'autant moindre que le tirage est plus grand et que le gaz est poussé par une plus forte pression.

Quand la cheminée en verre est plus haute, la quantité de lumière est moins grande encore, et nous pouvons le montrer. Vous voyez qu'à l'instant où l'on met une seconde cheminée sur celle-ci, la flamme devient plus vacillante, la quantité de lumière diminue. En général, toutes les fois que vous voyez une flamme vacillante, cela indique que le gaz est pauvre en carbures d'hydrogène ou qu'il brûle dans de mauvaises conditions. Voici un bec construit par M. Parisot; ce bec, par des dispositions très-simples, échauffe l'air et donne une lumière plus tranquille que celui-ci. La quantité de lumière est beaucoup plus grande. On a donc reconnu qu'on pouvait faire varier considérablement, au delà du simple au double, la qualité lumineuse du gaz; or, c'est un très-grand avantage d'obtenir d'un gaz le maximum de lumière; non-seulement parce qu'on consomme moins de gaz pour obtenir le même effet lumineux, mais encore parce que, dans ce dernier cas, la flamme plus tranquille fatigue moins les yeux.

On peut démontrer que la quantité de lumière varie beaucoup et qu'on peut la réduire, avec la même quantité de gaz, presque à zéro, en brûlant le gaz d'éclairage mélangé avec de l'air, parce qu'alors le carbone et l'hydrogène étant mêlés avec de l'air atmosphérique, brûlent simultanément; il ne peut pas se précipiter de charbon dans la flamme; il n'y a donc pas de particules rayonnantes, et la flamme dont le volume est amoindri donne une plus haute température, moins de lumière, et ne produit pas de noir de fumée. C'est là une condition économique, quand on veut affecter le gaz au chauffage. Dans tous les appareils de chauffage au gaz on emploie en effet des dispositions analogues à celle-ci. Il y a une double enveloppe dans laquelle arrive le gaz. Le gaz se distribue par un grand nombre de petits trous, et l'air atmosphérique arrive par d'autres trous à la partie inférieure. Il en résulte que le tirage du gaz appelle de l'air qui se mêle avec lui, et qu'il se forme un mélange donnant un gaz non éclairant, mais qui chauffe beaucoup, car la même quantité de carbone et d'hydrogène est brûlée sous un beaucoup plus petit volume que si l'air n'intervenait pas au milieu de la flamme.

Si j'intercepte l'entrée de l'air, si je ferme les ouvertures par où il pénètre dans l'appareil à la partie inférieure, l'air ne se mélangeant plus avec le gaz, la flamme s'allongera, une grande quantité de particules charbonneuses qui brûlent à la fois donneront une grande quantité de lumière.

Dans la fabrication du gaz, il se produit un gaz particulier sur lequel il est bon que j'appelle votre attention.

On l'appelle *oxyde de carbone*. C'est un gaz très-délétère, qui se forme dans presque tous les calorifères et qui occasionne le plus grand nombre des asphyxies mortelles. On attribue d'ordinaire les asphyxies à l'acide carbonique. Il est cent fois moins vénéneux que l'oxyde de carbone. — Cet oxyde gazeux se produit toujours dans nos foyers quand le courant d'air n'est pas rapide ou que le charbon est en excès. Il est bon de se souvenir que c'est un gaz très-délétère, et avec lequel il faut bien se garder de se maintenir en contact. Il est donc très-important, quand il reste un peu de braise, vers le soir, dans un poêle, de s'abstenir de fermer la clé des tuyaux. On croit alors pouvoir conserver la chaleur, parce qu'il ne se produit plus de fumée, mais c'est justement au moment où il n'y a plus que de la braise que le danger est plus grand, parce qu'il ne s'accuse pas par une odeur sensible. Le conseil de salubrité s'est occupé de cette question. Il a prescrit à tous les fabricants d'appareils de chauffage de disposer les clefs de leurs poêles de façon qu'il soit impossible de les fermer complétement.

L'oxyde de carbone, en brûlant, se transforme en gaz acide carbonique : il donne une flamme très-peu éclairante, mais caractéristique par sa belle couleur bleue.

On peut produire de la lumière dans tous les gaz en y introduisant des particules solides incandescentes. Voici une expérience qui vous montrera que si on brûle de l'acier dans l'oxygène, il se produit des étincelles extrêmement lumineuses, comme quand on bat une barre de fer au rouge vif.

Nous fixons, à l'extrémité d'un mince ressort de montre en acier, un petit morceau d'amadou. Nous allumons l'amadou, et nous plongeons le ressort d'acier dans un flacon rempli d'oxygène, gaz qui brûle plus énergiquement les matières combustibles que l'air, parce que dans l'air les quatre cinquièmes environ du volume, 79 pour 100 sont formés d'azote, gaz inerte; tandis qu'un cinquième seulement, 21 pour 100 sont de l'oxygène. Nous obtenons par la combustion vive de ce ressort une lumière éclatante. Là encore, c'est un corps solide, l'oxyde de fer incandescent, qui, en raison de sa température très-élevée, donne lieu à la production de la lumière.

On peut produire un effet du même genre, bien plus éclatant encore, en se servant d'un métal découvert récemment, le magnésium, le métal extrait de la magnésie.

Vous connaissez tous la magnésie, cette matière blanche, pulvérulente, qui est considérée comme un purgatif très-doux et d'un fréquent usage. C'est un oxyde de magnésium. En réduisant cet oxyde, on obtient le métal qui, en brûlant dans l'air atmosphérique, produit une lumière blanche d'une très-remarquable intensité.

Si nous allumons ce fil de magnésium dans l'air atmosphérique, il se produit une flamme éclatante de lumière. Ici il n'y a pas de charbon, mais c'est encore une matière solide, la magnésie, qui produite et chauffée à une haute température, donne lieu à une lumière des plus vives, beaucoup plus puissante que la lumière du gaz, car on a pu l'employer pour faire des images photographiques, et reproduire ainsi par l'art admirable que Niépce et Daguerre ont inventé, des bas-reliefs, des sculptures, et divers objets renfermés à demeure dans des galeries souterraines où ne peut pénétrer la lumière du jour. On peut obtenir, comme je vous le disais tout à l'heure, des effets très-remarquables en injectant de l'air dans ce chalumeau qui alternativement donne et cesse de donner la lumière. Au lieu de l'y laisser entrer librement, si l'on injecte de l'air de manière à produire un courant assez vif, la combustion sera activée, la flamme cessera d'être éclairante et diminuera de volume : alors on obtiendra, sous un volume moindre, la même quantité de chaleur, et, par conséquent, une bien plus haute température. C'est à l'aide d'un procédé de ce genre que M. Henri Sainte-Claire-Deville d'abord, puis M. Schlœsing et M. Wiessenegg sont parvenus à produire des températures assez hautes pour fondre le platine dont le point de fusion, est de 1900 à 2000 degrés.

Les flammes comme celles que nous venons de produire donnent de la lumière blanche, rouge ou bleuâtre, mais on peut obtenir des flammes colorées de diverses manières en interposant dans la flamme certaines substances métalliques qui, en s'échauffant, lui donnent des couleurs et des propriétés particulières.

On pouvait considérer naguère les expériences de flammes colorées comme des expériences de simple curiosité, ou comme des moyens de caractériser directement certains composés tels que l'acide borique et l'oxyde de cuivre qui colorent en vert les flammes de l'alcool et de l'esprit de bois ; les sels de soude qui donnent aux mêmes flammes une couleur jaune ; ceux de strontiane qui produisent au milieu de différentes flammes, des colorations rouge pourpre ; mais, dans ces derniers temps, des flammes colorées par divers métaux ont été l'origine de découvertes extrêmement remarquables. On a pu, à l'aide de l'*analyse spectrale*, c'est-à-dire en analysant avec un prisme la lumière qui provient d'une source très-lointaine, reconnaître si, dans la source de cette lumière, il y avait certains métaux qu'on n'y soupçonnait pas, car la présence de ces métaux donne à la lumière des raies particulières vertes, jaunes, etc., dans des positions déterminées.

Eh bien, cette analyse spectrale, à la fois physique et chimique, a permis de découvrir des métaux dont on ignorait l'existence jusqu'à ces derniers temps : le rubidium, le cœsium, le tallium, par l'observation des raies que produisent, dans le spectre des flammes, des quantités minimes, contenant des traces imperceptibles et tout à fait impondérables de ces métaux. Cette analyse a produit des résultats peut-être plus merveilleux encore, car elle a permis d'étudier la lumière du soleil et de démontrer que, dans cette lumière engendrée à 38 millions de lieues de la planète que nous habitons, il se trouve neuf à dix des métaux que nous trouvons sur la terre, notamment le potassium, le sodium, le calcium, le baryum, le fer, le nickel, le cobalt, le cuivre et le zinc.

Plusieurs de ces métaux ont manifesté leur présence dans la lumière de certaines étoiles, lumière qui, traversant l'espace avec une vitesse de 77,000 lieues par seconde, ne nous parvient qu'au bout de quatre années; dans la lumière des nébuleuses même, qui emploie 12 millions d'années pour arriver jusqu'à nous. Ces observations ont fourni la preuve que, dans les astres qui nous environnent et qui sont maintenus dans l'espace comme la terre par l'attraction planétaire, il y a des métaux analogues à ceux que l'on trouve dans l'enveloppe de notre globe, de manière que de ces mondes, dispersés dans les espaces célestes, que nous ne connaissons pas, et auxquels nous ne pourrons jamais atteindre, nous savons cependant que leur composition a beaucoup d'analogie avec celle de notre globe terrestre.

Les météorites tombées depuis un certain nombre d'années et qui ont été analysées avec un si grand soin par plusieurs savants et surtout, depuis quelque temps, par M. Daubrée, ont montré qu'il s'y trouve plusieurs des métaux qui entrent dans la formation de notre planète.

Quelques expériences vont vous montrer qu'en soumettant à la combustion tel ou tel corps, on peut obtenir des flammes diversement colorées. Ainsi, avec des mélanges de combustibles et de corps très-oxydants ajoutés à divers sels métalliques, on obtient directement des flammes brillantes et colorées telles que les artificiers savent les produire. Avec un mélange, en certaines doses, de soufre, résine, laque, chlorate de potasse et chlorure de plomb, on obtient des flammes vertes ou bleuâtres. On obtient plus directement encore une belle flamme verte, si l'on fait passer la flamme du gaz ou de l'alcool au travers d'une toile métallique de cuivre ; le cuivre s'oxyde un peu et la flamme en entraîne de minimes parcelles qui lui font prendre une coloration très-riche. On peut obtenir, en interposant dans la flamme des composés renfermant un métal connu sous le nom de strontium, une coloration d'un rouge pourpre magnifique : un mélange d'azotate de strontiane, de chlorate de potasse, de soufre et de résine laque que l'on allume facilement produit ce beau phénomène. C'est un des moyens qu'on emploie dans les feux d'artifices. Il démontre bien que certains corps interposés dans la flamme peuvent donner lieu à la production des diverses lumières colorées.

Après avoir fait briller sous vos yeux la lumière du strontium et les flammes colorées de plusieurs origines, je dois vous signaler les précautions qu'il est utile de prendre lorsqu'on emploie le gaz de l'éclairage, pour éviter certains accidents. Quand en effet ce gaz se trouve mêlé avec de l'air atmosphérique, il se produit, dans de certaines proportions, des mélanges détonants. Lorsqu'il y a, par exemple, un volume de gaz et un égal volume d'air, ce n'est pas un mélange détonant; il brûle en produisant une flamme tranquille. Quand il y a quinze parties d'air pour une partie de gaz, il n'y a pas non plus de mélange détonant; dans de telles proportions, le mélange ne s'enflamme pas.

Mais si le mélange est formé d'un volume de gaz et de sept à huit volumes d'air, il est très-détonant, et il arrive parfois des accidents qu'il serait en général très-facile d'éviter. Mais malgré toutes les préautions fort simples recommandées par le conseil d'hygiène et de salubrité, nous n'avons pu empêcher une pratique très-dangereuse qui a le plus souvent occasionné des accidents de cette nature.

Quand on appelle un ouvrier appareilleur dans un local où se manifeste une fuite de gaz, la première chose qu'il fait c'est d'allumer une petite bougie dite *rat de cave*, afin de chercher où se trouve la fuite.

C'est un moyen très-convenable dans les usines à gaz où il y a partout de libres et larges courants d'air. La fuite est décelée par le fait qu'en promenant le long des tuyaux ou des joints la petite bougie allumée, partout où une fissure quelconque donne passage à un peu de gaz, celui-ci s'enflamme ; on l'éteint avec le moindre tampon de linge et l'on procède à la réparation;

mais c'est un moyen très-dangereux dans les chambres et les appartements clos, car il peut s'être produit quelque part, dans une armoire, sous un parquet, un mélange détonant qui s'y est localisé et qui produit une détonation. Aussi, depuis que des accidents se sont manifestés et qu'on en a signalé les causes, sur les avis du conseil de salubrité, l'administration a sagement ordonné que tous les tubes amenant le gaz aux becs, seraient apparents. Grâce à cette précaution les accidents sont aujourd'hui beaucoup plus rares.

Un petit volume de gaz, quand il se trouve mélangé avec l'air dans les proportions que je viens d'indiquer, peut donner lieu à une détonation assez forte pour lancer, comme des projectiles, les matériaux qui formeraient l'enveloppe renfermant parfois un demi-mètre cube d'un pareil mélange. Vous pourrez en juger par l'expérience que nous allons faire sous vos yeux. Vous verrez le puissant effet d'une quantité bien faible, puisqu'il s'agit ici du volume de gaz contenu dans un petit flacon d'un demi-litre au plus. (Le professeur fait l'expérience, et une violente détonation a lieu.)

Vous voyez donc combien il peut être dangereux d'employer la flamme ou ce qu'on nomme le flambage pour découvrir une fuite.

Quand on soupçonne qu'il existe quelques fissures laissant échapper du gaz, la première précaution à prendre, c'est d'ouvrir toutes les issues, portes et fenêtres, et de chercher la fuite sans se servir d'un corps enflammé.

Plusieurs moyens très-efficaces ont été indiqués et sont mis en pratique pour découvrir sans le moindre danger, les fuites dans les tubes de distribution; leur emploi est autorisé par l'administration.

L'un des premiers a été indiqué par M. Macaud : il consiste à injecter de l'air dans ces tubes avec une petite pompe à main; s'il n'existe pas de fuite, un petit manomètre montre que la pression se maintient dans les tubes; si une ou plusieurs fuites de gaz ont lieu; en continuant d'injecter de l'air on constate les endroits où la déperdition se fait, par le sifflement que produit l'air comprimé.

BIBLIOTHÈQUE IMPÉRIALE IMPR.

FIN.

LIBRAIRIE DE L. HACHETTE ET C°

BOULEVARD SAINT-GERMAIN, 77, A PARIS

ÉDITIONS A 1 FR. LE VOLUME

FORMAT IN-18 JÉSUS

Le cartonnage en percaline gaufrée se paie en sus 40 centimes par volume.

OUVRAGES EN VENTE

Badin (Ad.) : *Duguay-Trouin.* 1 vol.
— *Jean Bart.* 1 vol.
Barrau (Th. H.) : *Conseils aux ouvriers* sur les moyens d'améliorer leur condition. 1 vol.
Bonnechose (Emile de) : *Bertrand du Guesclin*, connétable de France et de Castille. 1 vol.
Calemard de la Fayette : *La Prime d'honneur.* 1 vol.
Carraud (Madame Z.) . *Une Servante d'autrefois.* 1 vol.
Charton (Ed.) : *Histoires de trois enfants pauvres* (un Français, un Anglais, un Allemand), racontées par eux-mêmes et abrégées par Ed. Charton. 2e édit. 1 vol.
Corne (H.) : *Le cardinal Mazarin.* 1 vol.
— *Le cardinal de Richelieu.* 1 vol.
Corneille (Pierre) : *Chefs-d'œuvre.* 1 vol.
De la Palme : *Le Premier Livre du citoyen.* 2e édit. 1 vol.
Guillemin (Amédée) : *La Lune.* 1 volume illustré de 2 grandes planches tirées hors du texte et de 46 vign.
Homère : *Les Beautés de l'Iliade et de l'Odyssée*, traduites par M. Giguet 1 vol.
Joinville (sire de) : *Histoire de saint Louis*, texte rapproché du français moderne par Natalis de Wailly, de l'Institut. 2e édit. 1 vol.
Labouchère (Alfred) : *Oberkampf* (1738-1815). 1 vol.
La Fontaine : *Choix de fables.* 1 vol.
Molière : *Chefs-d'œuvre.* 2 vol.
Passy (Frédéric) : *Les Machines et leur influence sur le développement de l'humanité.* 1 vol.
Racine (Jean) : *Chefs-d'œuvre.* 2 vol.
Rendu (Victor) : *Principes d'agriculture.* 2e édit. 2 vol.
Culture du sol, avec des vignettes dans le texte. 1 vol.
Culture des plantes. 1 vol.
Chaque volume se vend séparément.
Shakespeare : *Chefs-d'œuvre.* 3 vol.

Thévenin (Év.) : *Cours d'économie industrielle :* 1re série. *Qu'est-ce que l'économie industrielle*, par M. J. Garnier; — *Du Capital*, par M. Baudrillart; — *Des Machines*, par M. Horn. 1 vol.

— 2e série. *Du Travail et du Salaire*, par M. Batbie; — *Les Corporations et la Liberté du travail*, par M. Levasseur. 1 vol.

— 3e série. *De la Société coopérative*, par M. J. Duval; — *De l'Échange et de la Monnaie*, par M. Wolowski. 1 vol. (Sous presse).

— 4e série. *De l'Intérêt et de l'Usure*, par M. Courcelle-Seneuil; — *Du Crédit*, par M. Coq; — *De la Liberté commerciale*, par M. F. Passy. 1 v. (Sous presse.)

Chaque série se vend séparément.

— *Entretiens populaires* : 6e série, 1re partie : *De la Houille et du Fer en France*, par M Burat; — *De l'Impôt*, par M. Batbie; — *De la Civilisation*, par M. Charles Duveyrier. 1 vol.

— 6e série, 2e partie : *De la Monnaie et de son rôle dans le développement économique des sociétés*, par M. Fr. Passy; — *Des Principes du droit naturel et de ses rapports avec la famille*, par M. Franck; — *De l'Utilité des études scientifiques pour les ouvriers*, par M. Martelet. 1 vol.

Chaque volume se vend séparément.

Véron (Eugène) : *les Associations ouvrières* en Allemagne, en Angleterre et en France. 1 vol.

OUVRAGES EN PRÉPARATION

Calemard de la Fayette (Charles) : *L'Agriculture progressive*. 1 vol

Duval (Jules) : *Notre Pays*. 1 vol.

Ernouf (baron) : *Jacquard; — Philippe de Girard*. 1 vol.

Ernouf (baron) : *Histoire de trois ouvriers français*. 1 vol.

Gœthe : *Chefs-d'œuvre*.

Guillemin (Am.) *Le Soleil*. 1 vol.

Schiller : *Chefs-d'œuvre*.

Virgile : *Les Beautés de l'Énéide*. 1 vol.

Imprimerie L. TOINON et Ce, à Saint-Germain.

www.ingramcontent.com/pod-product-compliance
Ingram Content Group UK Ltd.
Pitfield, Milton Keynes, MK11 3LW, UK
UKHW020437230726
13925UKWH00004B/1741

9 782013 447256